AF343694

Par la Numération on énonce et on écrit tous les nombres au moyen de signes.
Les signes qu'on nomme chiffres, sont au nombre de dix; les voici :

1.	2.	3.	4.	5.	6.	7.	8.	9.	0.
Un.	Deux.	Trois.	Quatre.	Cinq.	Six.	Sept.	Huit.	Neuf.	Zéro.

Un chiffre isolé n'exprime que sa propre valeur. Mais sa valeur devient dix fois plus grande, si on le place à la gauche d'un autre chiffre ou d'un zéro. Le zéro n'a pas de valeur par lui-même, il ne sert qu'à augmenter celle du chiffre qui le précède. Le chiffre 1, exprime une unité; deux unités sont exprimées par le chiffre 2, ainsi de suite jusqu'à 9.

Tracez chaque chiffre significatif : 1, 2, 3, 4, 5, 6, 7, 8, 9.

1	0	0,	0	0	0,	0	0	0.
Centaines de Millions	Dizaines de Millions	Unités de Millions	Centaines de Mille	Dizaines de Mille	Unités de Mille	Centaines à l'Unité	Dizaines d'Unité	Unités

L'élève voit par ces deux ex. qu'en partant de la droite et en remontant vers la gauche, s'il divise les chiffres par tranches de trois, il arrive à connaître la quantité exprimée par la totalité des chiffres.

Billions	Millions			Mille			Unités		
9	8	7	6	5	4	3	2	1	0
Unités de Billions	Centaines de Millions	Dizaines de Millions	Unités de Millions	Centaines de Mille	Dizaines de Mille	Unités de Mille	Centaines d'Unités	Dizaines d'Unités	Unités

Écrivez :   9 Neuf.

9 8 7 Neuf cent quatre vingt sept.

9 8 7 6 8 4 Neuf cent quatre vingt sept mille, six cent quatre vingt-quatre.

9 8 7 6 5 4 3 2 1 0 Neuf Billions, huit cent soixante seize millions, cinq cent quarante trois mille, deux cent dix.

L. et Papeterie Bouquillard, R. St Martin, 226.   MÉTHODE VILLARS & CHASTAGNER.   PARIS, Déposé.

L'élève doit reproduire en chiffres, les nombres exprimés en toutes lettres.

ngt-et-un.	Cent quatre-vingt-quatorze.	Deux cent deux mille, deux cent neuf.
ix-huit.	Sept-cent quarante-huit.	Un million, trente mille, sept cents.
ente-trois	Quatre cent un.	Cent quarante-un mille, cinq cents.
uarante-sept.	Six cent cinquante-quatre.	Cinq millions, quarante mille, deux cents
inquante.	Onze cent quatre-vingt-quinze.	Trente-trois millions, cinq cent mille, deux.
ngt-sept.	Quatre mille, soixante-et-onze.	Vingt deux millions, neuf cent mille.

Addition.

L'addition a pour but de réunir plusieurs nombres en un seul. Le résultat se nomme Total.

sez le nombre :	2	8	1	3	4	3	1	4	5
sez dessous le nombre :	1	20	3	2	1	3	3	2	2
irez une barre :	___	___	___	___	___	___	___	___	___
plus 1 font :	3								

Lorsque les deux nombres se composent de deux chiffres, et même de plus, l'addition n'offre
as plus de difficultés, tant que les unités, les dizaines, les centaines, &c ne s'élèvent pas au dessus de 9.

osez le nombre :	33	19	44	11	5	12	18	23
osez dessous le nombre :	25	80	45	66	22	37	41	16
plus 5 font 8 posez 8 sous la colonne	58							

es unités. 3 + 2 = 5 pour les dizaines.

Lorsque deux nombres d'un seul chiffre chacun, additionnés s'élèvent au-dessus de 9, ils contiennent des dixaines, dans ce cas, on pose d'abord les unités, et puis les dixaines à gauche.

Posez le nombre :	1	8	3	4	5	7	3
Posez dessous le nombre :	9	2	7	6	5	4	8
Tirez une barre :							

1 plus 9 font 10 posez
Et avancez 1 .... 10 .

Lorsque les nombres à additionner se composent de deux chiffres chacun, et si la colonne des unités contient des dixaines, on pose les unités et on retient les dixaines pour les ajouter à la colonne de gauche ou des dixaines, si cette 2ᵐᵉ colonne ne renferme que des dixaines, on les pose à la gauche des unités, et le résultat obtenu forme le total des deux nombres additionnés. Si au contraire elle passe le chiffre 9, elle contient des centaines, on pose les dixaines et on avance les centaines.

Posez le nombre :	15	29	11	55	67	78	99
Dessous le nombre :	17	42	29	38	18	17	87
Tirez une barre :							

5 plus 7 font 12 posez 2 sous les unités
et retenez 1 et dites 1 de retenue, plus 1 32
font 2 plus 1 font 3 posez

——— SIGNES DES QUATRE RÈGLES. ———

(+) plus. (—) moins. (×) multiplié par. (÷) divisé par. (⊢) divisé par. 8 divisé par 4. (=) égal.

Si les nombres à additionner se composent de trois chiffres ou de plus, on les pose toujours comme on l'a déjà vu, les uns sous les autres, en ayant soin de bien placer les unités sous les unités, les dixaines sous les dixaines, les centaines sous les centaines &ᶜ et on procédera pour les centaines comme pour les dixaines, pour les mille comme pour les centaines.

Posez le nombre……	135	254	128	351	827
Posez dessous………	463	469	744	337	329
Posez dessous………	409	210	100	204	900
Tirez une barre……					
5 plus 3 font 8 plus 9 font 17 posez 7, retenez 1. 1 de retenue plus 3 font 4 plus 6 font 10 plus 0 font 10, posez 0 et retenez 1, 1 de retenue plus 1 font 2 plus 4 font 6 plus 4 font 10, posez 0 et avancez 1.	1007				

5428236	6546	51401	88652	5614621
2366167	1229	46796	1010	155976
4295215	4651	19065	776	441167
7177886	1277	14232	129	584201
901252	1202	65501	65916	1700096
	1573	1502	1622	2755277
86752201	3776	69066	5916	1665766
11234658	2001	7784	7266	1729
65405996	601	19685	15587	1246
71627188	798			96
94715571	176			

Lorsque les nombres à additionner ne présentent pas de nombres simples, un franc ou un mètre par exemple, qu'il y a des centimes ou des centimètres, on fait l'opération de la même manière, seulement on sépare les chiffres décimaux par une virgule.

6126f,20c	4267f,25c	15278f,76c	676m,56c	462m,228mill
5275,25	1276,70	16701,01	142,64	500,053
1697,70	194,24	862,25	531,48	247,165
1016,50	786,01	539,01	446,84	915,201
7725,10	1622,60	290,50	228,01	648,801
176,00	415,05	755,60	370,55	521,701
1792,85	2100,10	88,00	165,70	101,001
1206,70	1677,01	152,07		
25016,30				

614g,05centig	674gmes,000mill	166gms,25centig	365lit,10cent	840l,207mill	121lit,15cent	
372,28	128,101	925,05	113,11	901,101	229,00	
518,70	776,209	111,15	202,05	176,404	177,95	
100,27	657,115	227,60	507,16	245,102	201,15	
377,91	216,520	876,50	211,06	655,901	102,00	
135,12	167,123	181,00	385,51	776,411	659,15	
912,27	101,209	776,55	100,..			

La preuve de l'addition se fait en séparant les diverses sommes en deux ou trois, puis réunissant les deux ou trois totaux partiels pour en faire un total général, si le résultat est égal à celui qu'on a obtenu dans la première addition, l'opération est bien faite.

La soustraction est une opération, par laquelle, on ôte un nombre d'un autre nombre plus grand.
Pour ôter deux de six, on opère comme suit :

Pour ôter 2 de six, posez..................... 6   5   6   9   8   7   8
Dessous posez.............................. 2   3   4   4   5   3   6
Tirez une barre.............................. }6 __   __   __   __   __   __
Dites de 6 ôtez 2, reste........................ 4

Pour ôter 12 de 25, posez..................... 25   28   37   38   87   18   25
Dessous posez........................... 12   14   24   20   70   8   5
Commencez par la droite de 5 ôtez 2, reste 3, posez 3 ___ }25 __   __   __   __   __   __
sous les unités, de 2 ôtez 1, reste 1, posez 1 sous les dixaines. 13

Pour s'assurer si l'opération est bien faite, on additionne le nombre restant avec le nombre ôté, si tous les deux réunis donnent le premier nombre, on a bien opéré. Dans les deux premiers exemples, pour bien faire comprendre à l'élève et pour éviter la confusion, on a renfermé ces deux nombres dans une accolade, et mis le résultat à côté.

Si le chiffre inférieur est plus grand que le supérieur, on augmente celui-ci de dix, valeur d'une unité qu'on emprunte sur le 1ᵉʳ chiffre à gauche, qu'il faut ensuite considérer comme l'ayant de moins.

De 72 ôtez 59, posez..................... 72   83   64   91   87   734   639
Dessous posez........................... 59   36   55   82   79   229   468
De 2 ôtez 9 ne peut ; empruntez 1, qui vaut 10, au   __   __   __   __   __   __
chiffre de gauche 7 ; ajoutez 10 au chiffre 2, dites de | reste 13
2 ôtez 9, reste 3, posez 3. le 7 auquel on a em-
prunté 1, ne valant plus que 6, dites de 6 ôtez 5 reste 1, posez 1. | preuve 72

Lorsqu'il y a plusieurs 0 de suite, on emprunte 1 au | De   5004   3003   77000   40006
chiffre de gauche qui vient après le dernier 0 et | ôtez   2344   1705   8226   25079
on met 9 au dessus de chaque 0, sauf quelquefois | reste 2660   __   __   __
le dernier à droite qui vaut 10. | preuve 5004

Imprimerie Bouquillard, R. St. Martin, 226.   MÉTHODE VILLARS & CHASTAGNER .   PARIS. Déposé .

La soustraction des nombres décimaux se fait comme celle des nombres ordinaires, seulement lorsque le nombre des chiffres décimaux n'est pas le même, on met à la suite de celui qui en a le moins autant de zéros. On sépare la réponse, par une virgule, autant de chiffres décimaux qu'en contenait le nombre qui en avait primitivement le plus.

Pour ôter de 736 francs 481f 47 vous metterez deux 0 à la suite de 736 (736,00) et vous ferez la soustraction ordinaire, vous séparerez au reste deux chiffres par une virgule.

$$736^f$$

481, 47 on écrira ainsi

736,00	860f 17	6509f 10
481,47	245,00	5379, 65
254,53		

Pour abréger l'opération au lieu de dire j'emprunte 1 à gauche qui vaut 10 on considère le chiffre supérieur comme étant toujours plus fort que l'inférieur, puisqu'on a la faculté de lui ajouter une dizaine, alors au lieu de dire que le chiffre supérieur de gauche vaut 1 de moins, on lui conserve toute sa valeur (2 vaudra toujours 2) mais on ajoute au chiffre inférieur de gauche l'unité de dizaine qu'on avait prise au chiffre supérieur, de manière à ce qu'il y ait toujours la même différence, dans cet exemple vous direz 8 ôtés de 17 reste 9 pose 9 et retiens 1. 1 de retenue et 4 = 5 ôtés de 12 reste 7, pose 7 et retiens 1. 1 de retenu et 3 = 4 ôtés de 4 reste 0 ou rien pour l'extrême gauche.

427
343
———
Reste 79
———
Preuve 427

Imprimerie Bouquillard, R. St Martin 221   MÉTHODE VILLARS & CHASTAGNER.   PARIS, Déposé.

La multiplication a pour but de répéter un nombre nommé multiplicande, autant de fois et de parties de fois qu'il y a d'unités et de parties d'unités dans un autre nombre nommé multiplicateur. Le résultat se nomme produit. Les deux termes multiplicande et multiplicateur se nomment les deux facteurs de l'opération.

L'instituteur doit avant de passer à la démonstration de la multiplication, faire apprendre aux élèves le tableau suivant qu'on nomme.......

Pour se servir de cette table, l'élève doit remarquer d'abord qu'on a placé les chiffres 1, 2, jusqu'à 9 sur la première ligne (1) et que les mêmes chiffres sont répétés sur la 1ère colonne (2). Pour savoir, par exemple, combien font 6 fois 5, on doit chercher le nombre 6 sur la 1ère ligne, descendre ensuite jusqu'à ce qu'on soit vis-à-vis le nombre 5 placé dans la 1ère colonne, on trouve 30, six fois cinq font donc 30; Il en est de même pour les autres nombres.

Table de Pythagore. (1)

1	2	3	4	5	6	7	8	9
2	4	6	8	10	12	14	16	18
3	6	9	12	15	18	21	24	27
4	8	12	16	20	24	28	32	36
5	10	15	20	25	30	35	40	45
6	12	18	24	30	36	42	48	54
7	14	21	28	35	42	49	56	63
8	16	24	32	40	48	56	64	72
9	18	27	36	45	54	63	72	81

(2)

Multipliez 2 par 8 posez	2	3	4	5	8	6	9	5	7
Dessous posez	3	3	3	3	6	7	5	5	7
Tirez une barre									
Et dites 3 fois 2 font	6								
2 par 4 posez	2	3	5	6	4	5	9	8	8
Dessous	4	4	4	4	4	7	8	6	5
4 fois 2 font	8	12							

25 par 4, posez .

Sous les unités posez

$fois$ 5 font 20 posez 0 sous les unités retenez 2.

$fois$ 2 = 8 et 2 de retenue font 10 posez 0 sous les dix.ⁿᵉˢ et avancez 1.

25	65	75	95	40	50
4	8	6	2	3	3
100					

Lorsque le multiplicateur est composé de plusieurs chiffres, il faut faire successivement avec
acun de ces chiffres, ce que l'on fait avec un seul en commençant par la droite.

C'est-à-dire qu'il faut d'abord multiplier tous les chiffres du multiplicande par le chiffre des
nités du multiplicateur, ensuite par celui des dixaines et poser le premier chiffre du deuxi-
e produit, sous les dixaines du premier puisque c'est par des dixaines qu'on multiplie. Si le
ultiplicateur avait trois chiffres, on poserait le premier chiffre de ce 3ᵉ produit sous les cen-
ines &ᵃ on doit suivre la même règle pour tous les autres chiffres. Enfin on additionne tous
produits et le résultat est le produit général.

fois 4 font 8. Posez 8. 2 fois 6 = 12.

sez 2 et retenez 1. 2 × 8 = 16 + 1 = 17.

sez 7 et retenez 1. 2 × 1 = 2 + 1 = 3 posez 3.

rocédez de même pour le second chiffre 3.

dditionnez les 2 produits.

1864	5478
32	84
3728	
5592	
59648	

pveterie Bouquillard, R. St Martin, 226. METHODE VILLARS & CHASTAGNER. PARIS. Déposé.

Lorsque le multiplicande ou le multiplicateur est terminé par un zéro, on abrège l'opération
en multipliant comme s'il n'y avait pas de zéro mais on l'ajoute au produit. Il en est de même
lorsque le multiplicande et le multiplicateur sont tous les deux terminés par 1 ou plusieurs zéros
on les néglige et on les ajoute au produit après l'opération.

Multipliez par 5 et	7343	Multipliez 363 par 9 et ajoutez	36300
ajoutez le 0 au produit	50	les trois 0 au produit	90
	367150		3267000

Si entre les chiffres du multiplicateur il y a des zéros, lorsqu'on y arrive on les descend aux
places qu'auraient occupées des chiffres significatifs et on passe de suite au chiffre suivant.

On multiplie d'abord le multiplicande par 9; puis on pose 0 aux dizaines
et aux centaines du produit ensuite on multiplie par 2; le premier chiffre qui
en provient se met à gauche des deux 0.

```
   37825
    2009
  340425
 7565000
75990425
```

La multiplication des nombres décimaux se fait comme celle des nombres ordinaires, absolument comme s'il n'y avait point de virgule.
Seulement on sépare au produit par une virgule
autant de chiffres qu'il y a de chiffres décimaux
dans les 2 facteurs.

```
  46,64        8,26        6466,30
     87        4,85         786,09
  32648        4130
  37312        6608
 4057,68       3304
             40,0610
```

La division est une opération par laquelle on divise un nombre nommé dividende en autant de [pa]rties égales qu'il y a d'unités au diviseur. Le résultat se nomme quotient. Dividende signifie [no]mbre qui doit être divisé ou partagé. Diviseur nombre qui divise et quotient autant de fois que. La division d'un nombre simple se fait de mémoire par une opération inverse à celle qui [se]rt à chercher un produit sur la table de multiplication. Ainsi puisque 5 fois 6 font 30, le nom[b]re 30 contient 6, 5 fois. Pour faire la division on prend à la gauche du dividende autant de [ch]iffres qu'il en faut pour contenir le diviseur une fois au moins et au plus 9; ainsi dans cet Ex. [il] contient le diviseur 3. 3 f. on posera 3 au quotient; on multiplie ensuite le diviseur 3 par [le] quotient 3 or $3 \times 3 = 9$ qu'on pose sous le dividende 9 et l'on retranche 9 de $9 = 0$, à [cô]té de ce reste on abaisse le chiffre suivant 6 qu'on divise également par le diviseur 3, or [6] $\div 3$ égale 2 on met 2 au quotient, $2 \times 3 = 6$ qu'on pose sous le 6 du dividende on [re]tranche encore $6 - 6 = 0$ on abaisse le 3ᵐᵉ chiffre 3 et l'on a en 3 combien de fois 3 [ré]ponse 1 pour le quotient $1 \times 3 = 3$ qui ôté de 3 donnent 0 pour le dernier reste ainsi le [d]ividende 963 contient le diviseur 3 321 fois.

Voici l'Exemple

```
Dividende  963 | 3 Diviseur          Dividende  4689 | 9 Diviseur
            9   | 321 Quotient                   45   | 521 Quotient
           06                                     18
            6                                      18
           03                                      09
            3                                       9
            0                                       0
```

Lorsqu'il y a un reste après qu'on a employé tous les chiffres du dividende on change ce reste en dixiè-
s en ajoutant un 0, et l'on met en même temps une virgule au quotient pour indiquer qu'il n'y a
s d'entiers puis on divise et l'on obtient des dixièmes pour le quotient, s'il y a un second reste
ajoute un 0 pour le reduire en centièmes, s'il y en a un troisième on ajoute un 0 pour le reduire
millièmes &ᶜᵃ On peut ainsi le pousser jusqu'à l'infini ; et plus l'on pousse loin plus on ap-
oche du vrai quotient, mais dans le commerce on s'arrête ordinairement aux centièmes.

Explication de la division òu l'on réduit le reste en décimales.

On fait la division jusqu'à la virgule (63) telle que nous l'avons
déjà indiquée. Arrivé à 18 ✶ pour reste on met une virgule au
quotient ; on ajoute ensuite un 0 à 18=180 et l'on divise 180
par le diviseur 52 il y a un 2me reste 24 ✶ on ajoute un 2me
0 et l'on divise, et ainsi de suite jusqu'à ce qu'on veuille s'ar-
rêter.

Dans le commerce on s'arrêterait à deux décimales.
Savoir à 63, 34.

```
3294 | 52
312    63,346
 474
 156
* 180
 156
* 240
 208
 320
 312
  08
```

Exercices   6636 | 67   3368 | 68   345786 | 365

Papeterie Bouquillard, R. Sᵗ Martin 226.   MÉTHODE VILLARS & CHASTAGNER.   PARIS. Déposé

Si après avoir descendu un chiffre du dividende pour former un nouveau membre de division il se trouve que le nombre du dividende est plus petit que le diviseur, mettez un zéro au
quotient, et descendez un autre chiffre du dividende pour former le membre suivant.

7218	6		81346	9		18089	9
6	1203 quotient		81	9038 quotient		18	2009 quotient
12			0034			00089	
12			27			81	
0018			076			8	
18			72				
00			4				

Si on veut hâter l'opération de la division au lieu de porter sous le membre du dividende le
produit du diviseur par le chiffre du quotient comme dans les exemples précédens, on fera la soustraction à mesure que l'on multiplie sans poser le produit.

Explication.

En 46 combien de fois 29 réponse 1 fois 1 × 9 = 9 otez de 16 reste 7.
1 × 2 = 2 + 1 retenue = 3 oté de 4 reste 1 on abaisse le 9 à côté de 17 en 179.
combien de fois 29 rep. 6 fois 6 × 9 = 54 otez de 59 reste 5 et retiens.
6 × 2 = 12 + 5 de retenue = 17 oté de 17 reste 0, et ainsi de suite.
jusqu'à la fin, en ayant soin d'ajouter des zéro pour les décimales.

469	29
179	16,17
050	
210	
07	

On peut abréger une division lorsque le dividende et le diviseur sont terminés par des zéros, pour cela on retranche de part et d'autre le même nombre de 0 et l'on opère sur les chiffres restans pour chercher le quotient qui est le même que si on n'avait pas ôté les zéros, parcequ'on diminue dans le même rapport la somme à partager et le nombre des personnes qui se partagent cette somme; donc la part de chacun sera toujours la même. Exemple — 2500 ⎟600 est la même chose que $25 \div 6$ au quotient $= 4$ entiers plus un reste. 2ᵐᵉ Ex. $568\,000 \div 9800) = (5680 \div 98)$ ainsi on aura $568\,000$⎟9800 ou 5680⎟98

Dans la division des chiffres décimaux on pose les francs et les centimes les mètres et les centimètres &.ᵃ avec la virgule; puis on égale de part et d'autre le nombres des décimales en ajoutant à celui qui a le moins de chiffres décimaux assez de 0 pour qu'il y ait le même nombre de décimales de part et d'autre; puis on supprime la virgule dans les deux facteurs et l'on fait la division comme si c'était des nombres entiers.

Ex. on a $32^f\,75^c$ à diviser par $17^M\,245^M$ au 1ᵉʳ terme il y a 2 décimales et 3 au second on ajoutera au 1ᵉʳ un 0 et l'on aura $32^f\,750^M\,17^M\,245^M$ on barrera les virgules et l'on fera la division 32750⎟17245.

En supprimant la virgule on a multiplié les 2 termes par 1000, le quotient sera toujours dans le même rapport.

La multiplication et la division se servent mutuellement de preuves: en divisant le produit d'une multiplication par l'un de ses facteurs multiplicande ou multiplicateur on obtient l'autre pour quotient en multipliant le diviseur d'une division par le quotient et ajoutant à ce produit le reste de la division, si elle en a laissé un, on reproduit le dividende.

Division prouvée par la Multiplication.		Multiplication prouvée par la Division.
$82^F 25$ divisé par $999^M 99$.	67^f divisé par $48^M 4225^D$.	

Division prouvée par la Multiplication.

$82^F 25$ divisé par $999^M 99$.

```
2 2 5 0 0    | 999,99
2 2 5 0 8 0  | 0,082
  2 5 0 8 2

       Preuve  999,99
                 0,082
              1 9 9 9 9 8
              7 9 9 9 9 2
                2 5 0 8 2
              8 2,2 5 0 0 0
```

67^f divisé par $48^M 4225^D$.

```
6 7 0 0 0 0    | 48,4225
1 8 5 7 7 5 0  | 1,383
4 0 5 0 7 5 0
1 7 6 9 5 0 0
  3 1 6 8 2 5
     Preuve  48,4225
                1,383
            1 4 5 2 6 7 5
            3 8 7 3 8 0 0
            1 4 5 2 6 7 5
              4 8 4 2 2 5
                3 1 6 8 2 5
            6 7 0 0 0 0 0 0 0
```

Multiplication prouvée par la Division.

```
    3 f 45 c
      4,30
    1 0 3 5
    1 3 8 0
  1 4,8 3 5 0

      Preuve.
1 4,8 3 5 0  | 4,30 0 0
  1 9 3 5 0  | 3,45
  2 1 5 0 0
  0 0 0 0
```

Ce système est ainsi nommé, parce qu'il est basé sur le mètre. Le mètre est une mesure d'étendue prise sur la surface de la terre, il égale la dix millionième partie du quart de sa circonférence, c'est-à-dire de l'arc terrestre qui s'étend du pôle à l'équateur (Fig. 1). Il égale en ancienne mesure 3 p⁵ 0 p⁰ 11 ˡⁱᵍ 296 millièmes de ligne ou à peu près ¼ de ligne. Le mètre (Fig. 3.) sert lui-même d'unité de longueur. S'il est cubé (Fig. 2.) c'est la grande mesure de capacité qu'on nomme Stère. Si l'on prend la 10ᵐᵉ partie cubée du mètre ou le décimètre cube (Fig. 4.) on obtient l'unité ordinaire de capacité qu'on nomme le litre. La 10ᵐᵉ partie du décimètre (Fig. 5.) ou le centimètre cube d'eau distillée, réduite à la température de 5 degrés centigrades qui est le maximum de densité de l'eau, pèse 1 gramme. Le gramme est l'unité de poids. L'unité de monnaie est le franc qui se compose d'un amalgame ou mélange d'argent et de cuivre pesant 5 grammes. Il y entre $\frac{9}{10}$ d'argent et $\frac{1}{10}$ d'alliage. C'est ce qu'on nomme pour les métaux précieux le titre aux $\frac{900}{1000}$ (neuf-cent-millièmes.)

Dans le système métrique on se sert pour les composés d'unités jusqu'à dix mille de la manière de compter des Grecs, savoir :	À ces mots on ajoute l'unité dont on parle savoir :	Pour les fractions d'unités on se sert du radical latin, Deci, Centi, Milli, Dixmilli &ᵃ. Ex: on dira.
Déca . . . . . Dix .	Décalitre . . . . Dix litres .	Décigramme Dixième partie du gramme.
Hecto . . . . . Cent .	Hectogramme . . Cent grammes .	Centilitre Centième partie du litre.
Kilo . . . . . Mille	Kilomètre . . Mille mètres.	Millimètre Millième partie du mètre.
Myria . . . . Dix mille .	Myriamètre . . dix mille mètres, (2 lieues ½).	Pour les francs on termine le mot en ime. on dira : Decime, Centime, Millime.

Système Décimal

Ce système est ainsi nommé parce qu'il procède par colonnes qui sont chacune la dixième partie, ou (la partie décimale) la colonne placée à leur gauche. Le système décimal existe dans les colonnes d'entiers, car l'unité est la dixième partie de dixaine; la dixaine la 10.ᵉ partie de la centaine, etc. Eh bien ! les colonnes décimales proprement dites (celles qui représentent fractions d'entiers) suivent exactement la même marche : la 1ʳᵉ colonne à droite de la virgule qui sépare les entiers des fractions, s'appelle la colonne des Déci, ou des dixièmes, parce qu'une unité de cette colonne ne vaut que la 10.ᵉ partie d'une unité de la colonne placée à gauche de la virgule (colonne des unités). La 2.ᵉ à droite de la virgule, vaut la 10.ᵉ partie de la 1ʳᵉ à droite, et le centième des unités, c'est la colonne des Centièmes. La 3.ᵉ à droite vaut la partie de la 2.ᵉ, la centième de la 1ʳᵉ et la millième des unités, c'est la colonne des Milli ou des millièmes, etc.

Voici un Tableau d'un nombre d'entiers suivi de six colonnes décimales.

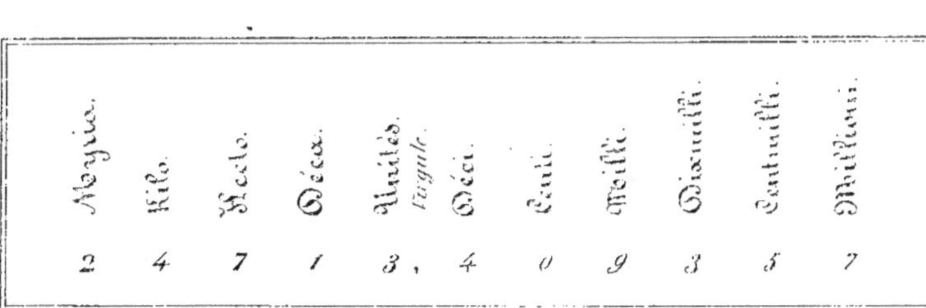

Myria.	Kilo.	Hecto.	Déca.	Unités. *Virgule.*	Déci.	Centi.	Milli.	Dixmilli.	Centmilli.	Millioni.
2	4	7	1	3,	4	0	9	3	5	7

S'il est question de Mètres, on énumérera ce nombre ainsi : deux myriamètres, quatre kilomètres, sept hectomètres, un décamètre, trois mètres, quatre décimètres, zéro centimètre, neuf millimètres, trois dix millimètres, cinq cent millimètres, sept millionièmes de mètre, ou ce qui vaut mieux, ou que c'est plus court, on ne prononcera le nom de mètre que deux fois, 1.ᵒ aux unités, 2.ᵒ à la dernière colonne à droite des décimales, Savoir : 24 mille 713 mètres, 409 mille 357 millionièmes de mètre.

4 règles des décimales.

Comme les colonnes décimales suivent la subdivision des entiers, on fait les 4 règles décimales absolument comme les 4 règles d'entiers, on n'a qu'une chose de plus à observer c'est le placement de la virgule, et c'est à cause de cette facilité d'opération qu'on a substitué dans la pratique les décimales aux fractions anciennes.

Addition des fractions décimales.

On fait cette addition comme si elle se composait de nombres entiers seulement, on séparera au total par une virgule autant de colonnes qu'il y en a dans les nombres à réunir. Ex. (43 Mètres 25 Centimilli-mètres) + (27 Hectomètres 2 Mètres 55 Millimètres) + (5 Myriamètres 25 décamètres 4 centimètres) on posera ces nombres ainsi fig. A. Puis on fera l'addition ordinaire; enfin on séparera par une virgule 5 colonnes au total puisqu'il y en a 5 dans les nombres à réunir.

A	43, 00025
	2702, 055
	50250. 04
	52995, 09525

Exercice.

(204 Hectolitres 35 décilitres) + (23 Kilo 631 Centmillilitres) + (23 décalitres 43 Millilitres)

Le Professeur fera poser beaucoup de ces exercices sur le tableau.

Soustraction.

La même opération que pour une soustraction d'entiers. On séparera à la différence par une virgule autant de chiffres qu'il y a de colonnes. Ex. (203 Hecto 47 Dixmillilitres) — (194 Déca 57 Centmillilitres)

20300, 0047
1940, 00057
18360, 00413

Multiplication Décimale.

La même opération que pour une multiplication d'entiers. On sépare au produit à [illegible] une virgule qu'il y a de chiffres décimaux dans les deux facteurs [illegible]

$$
\begin{array}{r}
42,25 \\
3400,067 \\
\hline
29575 \\
23350 \\
16900000 \\
12675 \\
\hline
143652\,8,3075
\end{array}
$$

Comme pour opérer on supprime d'abord la virgule [illegible] le multiplicande où il y a deux décimales [illegible] par ce seul fait ce facteur par 100 puisque [illegible] devient celle [illegible] qu'on multiplie [illegible] -cateur à trois décimales par 1000 puisque [illegible] celle des mille, on aura [illegible] un produit 100 fois trop fort multiplié par 1000 fois trop fort c'est-à-dire qu'il sera 100 000 fois trop fort il faudra

donc faire en sorte, après l'opération, que la colonne des centaines de mille devienne celle des unités, en plaçant une virgule à la droite de la colonne des centaines de mille : c'est ce qu'on obtiendra en séparant par une virgule à chiffres à droite c'est-à-dire autant qu'il y en a dans les deux facteurs, savoir 2 dans l'un et 3 dans l'autre.

Exercices.

287 Mètres 34 dixmillimètres × 41 Mètres 297 cent millimètres   { 287,0034

228 francs 41 Millimes × 19 Mètres 48 Millionièmes   { 41,00207

228,041

19,000048

1005ᶠ Francs 45 Millimes × 29 Hectolitres 45 dixmillièmes d'Hectolitre.

1005,045

29,0045

Remarque. On peut prendre pour unité telle quantité qu'on veut ainsi dans ce dernier Ex. on prend l'hectolitre au lieu du litre qui est l'unité ordinaire de capacité.

Division décimale.

Même raisonnement que pour les entiers.

Cette opération se fait comme la division des entiers. Il suffit d'égaler de part et d'autre (au dividende et au diviseur) le nombre des décimales c'est-à-dire, d'ajouter suffisamment de zéros à celui des 2 termes qui a le moins de décimales puis on fait la division absolument comme s'il n'y avait point de virgule. Ex. 243 francs 42 ᶜᵉⁿ. 43 Mètres 15 Millimètres

243, 42	43, 015

Explication. On ajoute au dividende 1 zéro par ce qu'il y a 3 décimales au diviseur, on en a ensuite 3 de part et d'autre et on fait la division comme dans l'exemple suivant, après avoir supprimé la virgule. Ce que faisant on multiplie les 2 termes par 1000, on a augmenté dans le même rapport le dividende et le diviseur, le quotient aura sa véritable valeur, d'après ce que nous avons dit pour la multiplication des 2 termes d'une fraction par un même nombre.

243 420	43 015
28 3450	5, 658
2 53600	
385250	
41130	

Arrivé au dernier chiffre du dividende on met une virgule au quotient et on ajoute un 0 au reste pour le réduire en deci ou dixièmes, puis un 2ᵐᵉ 0 pour le réduire en 100ᵐᵉˢ, un 3ᵐᵉ 0 pour le réduire en millièmes, &ᶜᵃ jusqu'à la dernière décimale qu'on doit avoir au quotient.

Dans le commerce on s'arrête ordinairement à la 2ᵐᵉ décimale; cependant plus l'on pousse loin plus on approche de la vérité.

Lorsqu'on trouve un même chiffre qui se reproduit toujours comme 6, 6, 6, on le nomme fraction périodique continue. Si l'on obtient une série de chiffres que se reproduisent comme 247, 247, 247, on les nomme fractions périodiques mixtes.